SUPPLÉMENT

AUX

LICHENS

DES

ENVIRONS DE PARIS

PAR

WILLIAM NYLANDER

Docteur en médecine

Probitate, humanitate, scientia.

PARIS

TYPOGRAPHIE PAUL SCHMIDT

1897

SUPPLÉMENT

AUX

LICHENS

DES ENVIRONS DE PARIS

Voici quelques omissions, corrections et additions à indiquer aux *Lichens des environs de Paris*.

Mais il y a aussi à adopter à cette occasion un léger changement dans la classification, car il convient de détacher de la trop vaste tribu XVIII *Lécano-Léci-dés* les sous-tribus *Pertusariei* et *Thelotremei* et de les placer après la sous-tribu *Lecideei*, comme deux tribus distinctes, c'est-à-dire comme tribu XIX les *Pertusariei* et comme tribu XX, les *Thelotremei*. Les *Lecanora* et les *Lecidea* qui diffèrent si peu entre eux, qu'en beaucoup de cas on ne peut pas les distinguer, formeront ainsi une tribu homogène (tribu XVIII), débarrassée des *Per-tusariés* et *Thélotrémés*, dont les caractères bien définis autorisent parfaitement cette séparation, préparant un passage à la tribu XXI des *Graphidés*.

Diviser les *Lecanora* et *Lecidea* en plusieurs genres à la manière de Massalongo et de ses adeptes semble d'autant plus impossible et si peu légitime que les li-mites des deux manquent à ce point de précision que de nombreuses espèces peuvent être rapportées à l'un aussi bien qu'à l'autre. Tout ce qu'il y a à faire raisonnablement est d'admettre des groupes (*stirpes*), afin de diviser et ranger méthodiquement selon leurs affinités les espèces qui les composent.

Dans la sous-tribu *Lecideei* les *Gyalecta* ne doivent guère être considérés comme appartenant à un genre bien établi, car leur caractère principal tiré des gonidies chroolépoïdes n'offrent pas une fixité suffisante, puisque les gonidies chroolépoïdes se confondent souvent avec les haplogonidies ordinaires.

Les noms *Placodium*, *Squamaria*, *Sarcogyne* ne désignent que des groupements partiels du grand genre collectif nommé *Lecanora*.

Inutile d'ajouter que plusieurs espèces saxicoles de Fontainebleau se retrouvent également sur les grès de Lardy, Moret et ailleurs.

Paris, 30 mars 1897.

1. **Collemodium Schraderi** (Bernh.), p. 19. ut *Leptogium*, sed rectius est *Collemodium*. Sterile. Thallus intus I $+$ (intus rubens) ut in *Collemodio turgido* Ach.

2. **Cladonia costata** Flk., p. 29. Ad Igny frequens. Var. *carneo-pallida* Del. (datur in Coem. *Cl. Belg.* 47 et 50) lecta prope Buzenval ad semitas sylvæ (fr. Gasilien). — *Cl. pungens* var. *muricata* Del. (*foliosa* Flk.) bene fertilis in nemore ad Nandy (et verisimiliter alibi ad Parisios), socia *Cladinæ sylvaticæ* f. *sphagnoidis* Flk.

3. **Parmelia caperata** (L.), p. 35. *L. P.* 31 ad-
dendum.

4. **Parmelia conspersa** Ach., p. 38. Addatur
var. *isidiosa* Nyl. in *Flora* 1881, p. 450, haud rara saxicola sylvæ Fontainebleau.

5. **Parmelia prolixa** Ach., p. 38. Spermatia bifu-
siformia, long. 0,005-7, crass. vix 0,001 millim. —
P. perrugata Nyl. ejus est varietas.

6. **Parmelia exasperata** (Ach.), p. 38. Spermatia fusiformi-acicularia, long. 0,008-0,011, crass.
0,0007 millim., in spermogoniis immersis extus puncto
nigro notatis, ut solent in hoc genere. Observetur hanc
dictam *Parmeliam olivaceam* * *aspidotam* Fr. fil. *Scand.*
p. 122 indicari : "Thallus papillis (*spermogoniis*) con-
coloribus crebris exasperatus" (sic!) ; quod æque fal-
sum ac inexperientiam ridicule ineptam exibens, nam
papillæ non sunt spermogonia (1).

6 *bis*. **Parmelia subaurifera** Nyl., p. 38. Thallus
(CaCl+ optime erythrinice reagens quoad medullam)
flavescenti-sorediosus, varians sorediis albis. Sporæ
ellipsoideæ long. 0,011-14, crass. 0,007-8 millim. Spermatia aciculari-fusiformia long 0,005-7, crass. 0,0007
millim. — Etiam super lapides muri ad Bellevue.

7. **Physcia polycarpa** Ehrh.,Nyl.*Scandin.*p.107.

---

(1) Crombie *Br. Lich.* p. 252 malum exemplum sequens impru-
denter affert : « Spermogones very abundant on the papillæ when
these are not abraded » (sic!). Credulitas in errores facile inducit. —
In *P. exasperatula* Nyl. in *Flora* 1873, p. 299, thallo tenuiore jam
dignota, spermatia fusiformi-acicularia long. 0,006, crass.0,0007 millim.

Addatur p. 41, post *Ph. parietinam*, nam lecta fuit ligni-
cola in Urbe.

8 **Lecanora pyracea** Ach., p. 50. Omissa citatio
L. P. 120. — In *L. erythrella* Ach., p. 49, thallus et
apothecia K+ (nec "K—").

9. **Lecanora tetrasticha** Nyl. in *Flora* 1874,
p. 307, *Pyr. or. nov.* p. 16, Crombie *Br. Lich.* p. 389.
Addenda p. 51. Similis *Lecanoræ ochraceæ* Schær., sed
sporis indistincte 3-septatis, long. 0,014-16, crass. 0,006-
7 millim. Thallus tenuis vitellinus continuus K+. Apothecia aurantiaca etiam magis K+. Sporæ subquadri-
loculares, sæpe simplices—Super saxa calcarea ad Nandy
(cl. Boistel). Ibi etiam *Lecanora Bischoffii* Hepp. frequens.

10. **Lecanora teichophila** Nyl., p. 52. Sporas
habet long. 0,018-25, crass. 0,011-16 millim. — *L.
Bischoffii* Hepp. 81, ad Nandy calcicola frequens.

11. **Lecanora subfusca** * *campestris* Schær., 57.
Sporas habet long. 0,011-15, crass. 0,007-8 millim.
I gelatina hymenialis bene cœrulescens, dein obscurata.

12. **Lecanora gangaleoides** Nyl., 57. Thallum
habet granulato-corrugatum.

13. **Lecanora conizæa** (Ach)., p. 61. Omissa hic
citatio *L. P.* 125.

14. **Lecanora epanora** Ach., Nyl. *Scandin.* p. 167.
Addenda p. 61, post præcedentem. Thallus hypothallo
nigricante fibrillis tenuibus intricato-radiante, in quo

soredia citrina parvula dispersa (K et Ca Cl vix reagentia). Sterilis et nonnihil incerta hic citatur. — Super silicem ad Saint-Yon près S. Chéron (Boistel).

14 *bis*. **Lecanora erysibe** Ach., p. 62. Calcicola ad Nandy. Frequens ad Bellevue super lapides siliceos muri subumbrosi. Sporæ simplices vel 1-septatæ, long. 0,010-16, cr. 0,005-6 millim. I gel. hym. fulvo-rubescens, præcedente cœrulescentia aut vix ulla.

15. **Lecanora farinosa** Flk., p. 66. Datur in *L. P.* 127 (non 28, qui numerus pertinet ad *Platysma glaucum*). *L. P.* 126 pertinet ad *L. calcaream*.

16. **Lecidea subochracea** dicendum est pro *Lecidea ochracea* Hepp. *Flecht.* 263, Nyl., Lamy *Caut. Lourdes* p. 68, nam nomen *ochracea* p. 79, adest inter Lecanoras (et hæc apotheciis biatorinis, quod etiam confusionem affert).

17. **Lecidea turgidula** Fr., Nyl. *L. P.* 142, *Scandin*. p. 201. Thallus albidus tenuissimus K — vel vix ullus ; apothecia nigricantia (sæpe leviter cæsio-pruinosa), parva, intus pallescentia, planiuscula immarginata ; sporæ ellipsoideæ vel oblongæ, long. 0,007-0,012, crass. 0,004-5 millim. I gelatina hymenialis cœrulescens. Ad Fontainebleau pinicola. Spermatia bacillaria recta, long. 0,005 millim., crass. haud 0,001 millim. Disponenda in stirpe *Lecideæ vernalis* (p. 81).

Ad *Lecideam meiocarpam* p. 81 observetur gelatinam hym. I esse cœrulescentem, dein thecis fulvescentibus (1).

---

(1) Definiatur hic nuper inventa *Lecidea præviridans* n. sp., cui thallus viridis tenuis, conferte minute granulosus (K— et CaCl—);

18. **Lecidea leprodea** Nyl., p. 80. Ei spermatia tenuia subrecta vel leviter arcuata, long. 0,014-16, crass. 0,0005 millim. (1).

19. **Lecidea fusco-rubens** Nyl., p. 79. Etiam calcicola ad Chaumont-en-Vexin (Oise).

20. **Lecidea Wallrothii** (Tul. sub Scutula in *Mém. Lich.* p. 119, t. 14, fig. 14-24). *Biatora Heerii* Hepp in Schær. *L. H.* 630 (apotheciis sæpius denigratis). Sporæ 1-septatæ, long. 0,012-15, crass. 0,005-7 millim.

Pycnides parvulæ testaceæ, stylosporis oblongis simplicibus aut passim 1-septatis, rectis aut leviter arcuatis, long. 0,014-23, cr. 0,004 millim. Datur in *L. P.* 100. Fontainebleau, peltigericola.

20 *bis*. **Lecidea inundata** Fr., Nyl. in *Flora* 1875, p. 106. Apothecia fusca sporis long. 0,044-48, crass. 0,002 millim. Spermatia long. 0,030, cr. 0,0006 millim. — Super lapides siliceos muri subumbrosi ad Bellevue.

21. **Lecidea pelidna** var. *pelidniza* Nyl. in *Flora* 1874, p. 318, Leight. *L. Brit.* p. 361; p. 86. Datur in *L. P.* 136 e Fontainebleau fagicola.

---

aphothecia fusca couvexula conferta (latit. fere 0,3 millim.), intus incoloria; sporæ oblongæ simplices (sat sæpe indistincte 1-septatæ) long. 0,010-11, crass. 0,0025-35 millim., epithecium sordidescens (K subviolascenti-dissolutum), I thecæ obscure fulvescentes. Ad Saugues in Haute-Loire super corticem pini legit fr. Novatien. Species elegantula e stirpe *Lecidea globulosæ*. Gonidia diam. 0,007-8 millim. Spermogonia emittunt globulos albos spermatiorum (hæc long. 0,003 millim.).

(1) Hic memoretur affinis *Lecidea fuscescens* Smrf. *Lapp.* p. 161, Nyl. *Scandin.* p. 212. Lecanora fuscescens Nyl. *Japon.* p. 45. Ambigua inter Lecideas et Lecanoras, gonidiis in hypothecium penetrantibus. Spermatia arcuata long. 0,012-15, cr. vix 0,001 millim. (non visa in spermogoniis, sed sparsa super thallum).

22. Lecidea parasema var. *elæochroma* Ach.; p. 89. Datur in *L. P.* 140.

Lecidea episema Nyl.; p. 89. Super thallum *Lecanoræ calcareæ* ad Nandy frequens.

23. Lecidea meiospora Nyl. *Scandin.* p. 225. Est *L. contigua* Fr., Nyl., minor, sporis minoribus (long. 0,014-17, crass. 0,007-8 millim.). Thallus cinereus aut obscure cinereus, continuus aut varians rimosus. — Bellevue; frequentem legi ibi super lapides siliceos muri. Ad. Saint-Yon (Seine-et-Oise), supra saxa arenaria legit cl. Boistel et super silicea ad Lozère (Seine-et-Oise), prope Orsay.

24. Lecidea lithophila f. *ochracea* Ach., Nyl. *Scandin.* p. 227, thallo ochraceo-tincto, ad Fontaine-bleau.

25. Lecidea chalybeia Borr.; 96.—Nandy. Super lapides siliceos muri optima. Etiam in simili statione ad Bellevue (ibi socia *Lecanoræ erysibes*, *Lecideæ sphæroidis* (Smrf.) et *Lecideæ inundatæ* Fr.). Est omnino Eulecidea; sed *L. lenticularis*, *L. Gagei* et *Michelettiana* arcte ei affines omnino sunt Biatoræ confluentes, quod ostendit ut dixi in *Flora* 1886, p. 102, quemadmodum fallaces sunt et vanæ divisiones sporologicæ divellentes (1).

---

(1) *L. Michelettiana* Mass. *Miscell.* p. 38, Anzi *Lich. rar. Ven.* 65, lecta calcicola ad Antibes in Gallia meridionali (a Dominis Bordellet et Glaudinon). Thallus ei albidus areolato-rimosus; apothecia testacea plana marginata (variantia disco cæsio-pruinosulo), latit. 0,3-0,6 millim.; sporæ oviformes vel oblongæ 1-septatæ, long. 0,008-0,010, cr. 0,002-3 millim., clavæ paraphysum pallidæ, hypothecium incolor. I gel. hym. cœrulescens, dein fulvo-rubescens. — Ibidem ab iisdem lecta *Bacillina antipolitana*, cui thallus cinerascenti-albidus baculiformis erectus

26. Lecidea disciformis, p. 98. Errore citatur ibi
« *L. P.* 160 », quod est delendum (in *L. P.* talis numerus non adest in ea collectione).

27. Lecidea stellulata Tayl. *Hibern.* II, p. 118,
Leight. *Brit.* p. 316, Lamy *Catal.* p. 134. Thallus
albidus minute areolatus K+ flavens, I=. Sporæ fuscæ
1-septatæ, long. 0.010-15, crass. 0,004-5 millim. —
Super saxa arenaria ad Boulay-les-Trous, près Che-
vreuse et ad Boigneville (Seine-et-Oise). Legit cl. Boistel.

28. Lecidea parasitica Flk. *D. L.* 101, Nyl.
L. P. 68, *Prodr. Gall. Alg.* p. 144. *Lecidea inspersa*
Tul. *Mém.* p. 118. Apothecia nigra plana marginata
(latit. 0,5-0,7 millim.); sporæ fuscæ oblongæ vel cylin-
draceo-oblongæ 3-septatæ, long. 0,011-16, crass. fere
0,005 millim. epithecium cum perithecio fuscum, hypothecium fuscescens. I gelatina hymenialis fulvo-rubescens. — Parasitica super thallum *Pertusariæ areolatæ*
(Clem.), in sylva Fontainebleau.

29. Lecidea physciaria Nyl. in hb. Breb. n° 814.
Apothecia nigra vix marginata, latit. 0,5 millim. Sporæ
fuscæ oblongæ 3-septatæ, long. 0,012-17, crass.
0,006 millim., epithecium et hypothecium cum perithecio nigra. I gelatina hymenialis fulvo-rubens. Spermatia bacillaria tenella recta, long. fere 0,0035, cr.

---

isidiomorphus, altit. 1-2 millim., crass. 0,3-0,4 millim., discretus sub-
stipatus vel subcæspitosus, strato corticali tenui minute celluloso, me-
dullari alba dense farcta e myelohyphis tenuibus (crassit. 0,0025 millim.),
K —. Apothecia non visa, inde locus systematicus omnino incertus
hujus Lichenis. Pertineat ad Portusarias bacillis isidiosis fere ut in
P. corallina et *P. melanochlora* DC. munitas. Super argillam ferru-
ginosam ad Antipolin (Antibes), socia *Lecidea aromaticæ* Ach.

0,0005 millim. — Super *Physciam parietinam* ad Fontainebleau (unde indicatur ut var. *Lecideæ glaucomariæ* in *Prodr.* l. c.). Ad Falaise Alph. De Brébisson, ad Marennes J. Richard.

30. **Pertusaria trifera** Nyl. Thallus albidus tenuis lævigatus K$\pm$ (addito CaCl —); apothecia in prominentiis mastoideis latit. 1 millim. vel minoribus. supra puncto epitheciali incolore vel fuscescente; sporæ 3-4 (sæpissime 3) in thecis, oblongæ long. 0,065-0,115, crass. 0,027-35 millim. Thecæ I cœrulescentes. Rarius sporæ 2 vel 4 vel 5 in thecis singulis. — Castaneicola ad Buzenval (legit fr. Gasilien). Etiam in aliis arboribus. Facie omnino *P. leioplacæ*, quæ parum differt.

A *P. coronata* (Ach.) mox differt thallo non isidiophoro.

31. **Thelotrema lepadinum** Ach., p. 75. Addatur: sporæ sæpissime 4-6 in thecis, fusiformes, multiloculares (fere murali-divisæ), long. 0,030-90, crass. 0,008-0,023 millim. I gelatina hymenialis non reagens, sed protoplasma thecarum fulvescens.

32. **Graphis scripta** var. *pulverulenta* Pers., p. 114. Datur in *L. P.* 70.

33. **Endocarpon hepaticum** Ach., p. 116. Datur in Nyl. *L. P.* 87 (non 88, ut erronee indicatur) (1).

---

(1) Definiatur hic *Endocarpon pervirescens* Nyl. Thallus læte virescens adnatus; apothecia innata incoloria pyrenio supra nigricante; sporæ fusiformes vel fusiformi-oblongæ, long. 0,018-20, cr. 0,007-8 millim. I gel. hym. fulvescens. Ad Antibes super terram ferruginoso-argillaceam legerunt Domini Bordellet et Claudinon. Species parva jam colore et sporis dignota.

34. **Verrucaria nigrescens** Pers., p. 118. Observetur, eam variare sporis majoribus; sic ad Lardy iis
long. 0,026-38, crass. 0,015-18 millim. Similiter in
Pyrenæis ad Bigorre et Cauterets.

35. **Verrucaria fusco-nigrescens** Nyl. *Pyren.
or.* p. 12 et 60, *nov.* p. 37. Thallus nigrescens opacus
tenuis continuus; apothecia pyrenio nigro infra subin-
colore; sporæ oblongæ, long. 0,016-26, crass. 0,007-
8 millim. — Super lapides siliceos muri ad Nandy. Sporis
suis oblongis mox differt a *V. fusca* Pers.

36. **Verrucaria mauroides** Schær., p. 119. Adde :
Thallus olivaceo-nigricans. Super lapides siliceos muri
vetusti dilabentis (1) ad Bellevue, cum *Lecidea meiospora* frequens.

37. **Verrucaria quaternula** Nyl. in *Flora* 1881,
p. 452. Thallus nigrescens obsoletus; apothecia pyrenio
integre nigro minutissimo (latit. 0,1 millim. vel vix
majora), prominula, sæpius aggregata; sporæ $4^{næ}$ incolores oviformi-oblongæ 1-septatæ, long. 0,013-18, crass.
0,005-6 millim., paraphyses nullæ. I gelatina hymenialis
non tincta, protoplasma thecarum fulvescens. — Super
lapides calcareos sylvæ Fontainebleau loco Franchard
dicto (versus « Cedrum ») raro obvia, socia *Arthoniæ
ruderellæ* et *Lecanoræ calvæ*. Pro *V. inconspicua* Lahm.
(Arn. *L.* 569) sumi possit, sed differt apotheciis aggre-
gatis et thecis 4-sporis.

---

(1) Ibi etiam eadem statione *Verrucaria ruderum* DC. f. thallo sub-
lurido, sporis long. 0,023-27, crass. 0,012-17 millim.

— 11 —

38. **Verrucaria ambulatrix** Nyl. in *Flora* 1881,
p. 182. Thallus nigrescens tenuissimus, subgranulato-
inæqualis, parcus vel sparsus, aut evanescens; apothecia nigra prominula minuta (latit. circiter 0,2 millim.), pyrenio integre nigro, supra (ostiolo) depressulo;
sporæ 8^{næ} fuscæ oblongæ 3-septatæ, long. 0,011-12,
crass. circiter 0,0045 millim., anaphyses breviuscu-
læ, paraphyses nullæ. I gelatina hymenialis dilutius-
cule vinose rubescens. — Super saxa arenaria ad vias
sylvæ Fontisbellaqueæ haud procul a via ferrea fre-
quenter, sed sat sparsa (et socia *Lecidea nigro-clavatæ*
saxicolæ).

Est species modesta concinnula, comparabilis cum
Endococco triphracto Nyl. et accedentibus, sed differt
abunde thallo, apotheciis prominulis majoribus, pyrenio
alio. Gonidia subglomerata, diametro transversali sin-
gulorum 0,007-9 millim. Comparetur *V. subarticulata*
Arn., quæ ejusdem stirpis.

39. **Verrucaria modesta** Nyl., p. 124. Datur in
L. P. 97 (nec « 96 »).

40. **Mycoporum marmoratum** (Schl.) Nyl.
Pyren. or. nov. p. 23. *Tichothecium marmoratum* Kphb.
Bay. p. 299, Arn. in *Flora* 1861, p. 265. *Phæosporum
marmoratum* Hepp. Thallus parum evolutus; apothecia
(peridia) nigra minuta rotundata (latit. fere 0,2 millim.),
planiuscula; sporæ 8^{næ} fuscæ oviformes 1-septatæ,
long. 0,023-30, crass. 0,011-14 millim., paraphyses
vix ullæ. I gelatina hymenialis dilute vel obsolete cœrulescens. — Calcicola ad Nandy.

41. **Mycoporum ptelæodes** (Ach.) Nyl. *Scandin.*

p. 291. Sporæ incolores oviformes vel oviformi-ellipsoideæ, 3-septatæ (sæpe septulo 1 accedente inter bina transversa), long. 0,012-17, crass. 0,006-8 millim. — Orsay, super corticem castaneæ.

TABULA SYNOPTICA SPECIERUM EMENDATA

FAM. I. — EPHEBACEI.

Trib. I. — HOMOPSIDEI.

1. Ephebe pubescens Fr.

FAM. II. — COLLEMACEI.

Trib. II. — COLLEMEI.

2. Collemopsis pictava Nyl.
3. Collemopsis picina Nyl.

4. Synalissa symphorea (DC.).

5. Omphalaria pulvinata Schær.

6. Collema chalazanellum Nyl.
7. Collema pulposum Ach.
8. Collema crispum Ach.
9. Collema ceranoides Borr.
10. Collema cheileum Ach.
11. Collema tenax Ach.
12. Collema subpulposum Nyl.
13. Collema glaucescens Hffm.
14. Collema melænum Ach.
15. Collema granuliferum Nyl.
16. Collema conglomeratum Hffm.
17. Collema flaccidum Ach.
18. Collema nigrescens Ach.

19. Collemodium microphyllum Ach.
20. Collemodium plicatile Ach.
21. Collemod. Schraderi (Bernh.).

22. Homodium cretaceum (Sm.).
23. Homodium biatorinum Nyl.
24. Homodium muscicola (Sw.).
25. Homod. microscopicum Nyl.
26. Homodium subtile Schrad.

27. Leptogium lacerum (Sw.).

28. Leptogium sinuatum Huds.
29. Leptogium palmatum Ach.
30. Leptogium tremelloides Ach.

31. Anema diffusum Nyl.

FAM. III. — LICHENACEI.

Series I. — EPICONIODEI.

Trib. III. — CALICIEI.

32. Sphinctrina turbinata (Pers.).
33. Sphinctrina microcephala (Tul.).
34. Calicium paroicum Ach.
35. Calicium disseminatum Ach.
36. Calicium chrysocephalum Ach.
37. Calicium aciculare (Sm.).
38. Calicium melanophæum Ach.
39. Calicium brunneolum Ach.
40. Calicium parietinum Ach.

41. Calicium corynellum Ach.
42. Calicium roscidum Flk.
43. Calicium trachelinum Ach.
44. Calicium quercinum Pers.
 * C. lenticulare Ach.
 ** C. curtum Borr.
45. Calicium pusillum Flk.
 * C. alboatrum Flk.
46. Calicium triste Krb.

47. Allodium trichiale Ach.
 * A. stemoneum Ach.
 ** A physarellum Ach.

48. Coniocybe furfuracea Ach.
49. Coniocybe sulphurella (Retz.).
50. Coniocybe pallida Pers.
 * C. farinacea (Chev.).
 ** C. subpallida Nyl.

51. Trachylia lecideina Nyl.
52. Trachylia subsimilis Nyl.
53. Trachylia stigonella (Ach.).

Series II. — CLADODEI

TRIB. IV. — BÆOMYCETEI.

54. Bæomyces rufus DC.
55. Bæomyces roseus Pers.
56. Bæomyces icmadophilus Ehrh.

TRIB. V. — STEREOCAULEI.

57. Stereocaulon nanum Ach.

TRIB. VI. — CLADONIEI.

58. Cladonia endiviæfolia (Ach.).
59. Cladonia alcicornis (Lghtf.).
60. Cladonia pyxidata (L.).
    * Cl. pocillum (Ach.).
    ** Cl. chlorophæa Flk.
61. Cladonia costata Flk.
62. Cladonia fimbriata Hffm.
    * Cl. dendroides Flk.
    ** Cl. insidiosa Del.
    *** Cl. subcornuta Nyl.
63. Cladonia gracilis Flk.
    * Cl. aspera Flk.
64. Cladonia sobolifera (Del.).
65. Cladonia degenerans (Ach.).
66. Cladonia pityrea Flk.
67. Cladonia squamosa Hffm.
68. Cladonia delicata Flk.
    * Cl. subsquamosa Nyl.
69. Cladonia cæspititia Flk.
70. Cladonia corymbosa (Ach.).
71. Cladonia pungens (Ach.).
72. Cladonia adspersa Flk.

73. Cladonia cornucopioides (L.).
    * Cl. plourota Flk.
74. Cladonia digitata Hffm.
75. Cladonia macilenta Hffm.
    * Cl. polydactyla Flk.
76. Cladonia Flœrkeana Fr.

77. Cladina sylvatica (Hffm.).
78. Cladina uncialis (Hffm).
79. Cladina destricta Nyl.

TRIB. VII. — CLADIEI.

80. Pycnothelia papillaria (Hffm.).

Series III. — RAMALODEI.

TRIB. VIII. — RAMALINEI.

81. Ramalina fraxinea (L.).
82. Ramalina calicaris (Hffm.).
83. Ramalina fastigiata (Pers.).
84. Ramalina farinacea (L.).
85. Ramalina pollinaria Ach.
86. Ramalina polymorpha Ach.

Series IV. — PARMELIODEI.

TRIB. IX. — USNEEI.

87. Usnea ceratina Ach.

TRIB. X. — ALECTORIEI.

88. Alectoria chalybeiformis (L.).

TRIB. XI. — CETRARIEI.

89. Cetraria aculeata Schreb.

90. Platysma glaucum (L.).

91. Platysma diffusum (Web.).

TRIB. XII. — PARMELIEI.

92. Evernia prunastri (L.).
93. Evernia furfuracea (L.).

94. Parmelia caperata (L.).
    * P. subglauca Nyl.
95. Parmelia perlata Ach.
96. Parmelia olivetorum Ach.

97. Parmelia Borreri Turn.
98. Parmelia scortea Ach.

99. Parmelia revoluta Flk.
100. Parmelia lævigata (Sm.).
    * P. dissecta Nyl.
101. Parmelia xanthomyela Nyl.

102. Parmelia saxatilis (L.).
103. Parmelia sulcata Tayl.
104. Parmelia omphalodes (L.).
105. Parmelia acetabulum (Neck.).

106. Parmelia conspersa Ach.
107. Parmelia Mougeotii Schær.
108. Parmelia incurva (Pers.).

109. Parmelia prolixa Ach.
110. Parmelia exasperata (Ach.).
111. Parmelia fuliginosa (Fr.).
   * P. verruculifera Nyl.
112. Parmelia subaurifera Nyl.

113. Hypogymnia physodes Ach.
114. Hypogym. pertusa (Schrank).

Series V. — PHYLLODEI.

Trib. XIII. — STICTEI.

115. Stictina sylvatica (L.).
116. Stictina fuliginosa (Dicks.).

117. Lobarina scrobiculata (Scop.).

118. Lobaria pulmonacea (Ach.).

Trib. XIV. — PELTIGEREI.

119. Peltigera canina (L.).
120. Peltigera rufescens Hffm.
121. Peltigera malacea Ach.

122. Peltigera polydactyla (Neck.).
123. Peltigera horizontalis Hffm.
124. Nephromium parile (Ach.).

125. Solorina saccata (L.).

Trib. XV. — PHYSCIEI.

126. Physcia chrysophthalma DC.
127. Physcia parietina (L.).

128. Physcia polycarpa (Ehrh.).
129. Physcia lychnea (Ach.).
130. Physcia ciliaris (L.).
131. Physcia pulverulenta (Schreb.)
   * Ph. pityrea Ach.

132. Physcia venusta Ach.
133. Physcia aipolia (Ach.).
134. Physcia melops (Duf.).
135. Physcia cæsia (Hffm.).
136. Physcia astroidea (Clem.).
137. Physcia stellaris (Ach.).
   * Ph. tenella (Scop.).
   ** Ph. leptalea (Ach.).
138. Physcia albinea (Ach.).
139. Physcia obscura (Ehrh.).
140. Physcia ulothrix (Ach.).
141. Physcia adglutinata Flk.

Trib. XVI. — GYROPHOREI.

142. Umbilicaria pustulata Hffm.

143. Gyrophora murina Ach.
144. Gyrophora glabra Ach.
145. Gyrophora polyrhiza (L.).

Series VI.
LECANO-LECIDEODEI.

Trib. XVII. — PANNARINEI.

146. Pannaria rubiginosa (Thunb.)
147. Pannaria nebulosa (Hffm.).

148. Pannularia cæsia (Duf.).
149. Pannularia nigra (Huds.).

Trib. XVIII. — LECANO-LECIDEEI

Subtrib. 1. — LECANOREI.

150. Psoroma hypnorum (Sm.).

151. Placodium callopismum (Ach.)
152. Placodium sympageum (Ach.)
153. Placodium murorum (Hffm.).
   * Pl. pusillum (Mass.).
154. Placodium tegulare (Ehrh.).
155. Placodium cirrochroum (Ach.)
156. Placodium xantholytum Nyl.
157. Placodium fulgens (Sw.).
158. Placodium teicholytum Ach.
159. Placodium craspedium Ach.
160. Placodium chalybæum (Duf.).
161. Placodium variabile (Pers.).
162. Placodium candicans (Dicks.)

163. Lecanora incrustans Ach.
164. Lecanora subbracteata Nyl.
165. Lecanora citrina (Hffm.).

166. Lecanora phlogina (Ach.).
167. Lecanora ferruginea (Huds.).
  * L. festiva Ach.
  ** L. subflavens Lam.
168. Lecanora atroflava Turn.
169. Lecanora aurantiaca (Lghtf.).
170. Lecanora cerina (Ehrh.).
171. Lecanora hæmatites Chaub.
172. Lecanora pyracea Ach.
  * L. pyrithroma Ach.
173. Lecanora cerinella Nyl.
174. Lecanora luteo-alba Turn.
175. Lecanora irrubata Ach.
  * L. calva (Dicks.).
176. Lecanora tetrasticha Nyl.

177. Lecanora laciniosa (Duf.).
178. Lecanora medians Nyl.
179. Lecanora vitellina (Ehrh.).
180. Lecanora epixantha (Ach.).
181. Lecanora xanthostigma(Pers).
182. Lecanora reflexa Nyl.
183. Lecanora superdistans Nyl.

184. Lecanora Mougeotioides Nyl.
185. Lecanora Bischoffii Hepp.
186. Lecanora teichophila Nyl.
187. Lecanora sophodes Ach.
188. Lecanora exigua Ach.
189. Lecanora roboris Duf.
190. Lecanora confragosa Ach.
191. Lecanora atrocinerea(Dicks.).

192. Lecanora crassa (Huds.).
193. Lecanora lentigera (Web.).
194. Lecanora saxicola (Poll.).
  * L. versicolor (Pers.).

195. Lecanora teichotea Nyl.

196. Lecanora galactina Ach.
  * L. muralis Nyl.
  ** L. retinens Nyl.
197. Lecanora urbana Nyl.
198. Lecanora dissipata Nyl.

199. Lecanora dispersa (Pers.).
200. Lecanora crenulata (Dicks.).

201. Lecanora Hageni (Ach.).
202. Lecanora umbrina (Ehrh.).
203. Lecanora conferta Dub.
204. Lecanora horiza Ach.
205. Lecanora rugosa (Pers.).
206. Lecanora chlarona (Ach.).
207. Lecanora intumescens Rebent.
208. Lecanora subfusca Ach.
  * L. campestris Schær.
  ** L. lecideoides Nyl.
209. Lecanora pseudistera Nyl.
210. Lecanora gangaleoides Nyl.
211. Lecanora distans Ach.
212. Lecanora angulosa Ach.
  * L. nequiens Nyl.
  ** L. cinerella Flk.
  ** L. leptyrodes Nyl.
213. Lecanora subcarnea Ach.
  * L. ochroidea Ach.
214. Lecanora glaucoma Ach.
215. Lecanora atrynea (Ach).
216. Lecanora sulphurea Ach.
217. Lecanora polytropa (Ehrh.).
218. Lecanora orosthea Ach.
219. Lecanora conizæa (Ach.).
220. Lecanora epanora Ach.
221. Lecanora expallens (Pers.).
222. Lecanora Sambuci (Pers.).
223. Lecanora glaucella Flot.
  * L. piniperda Krb.

224. Lecanora erysibe (Ach.).
  * L. proteiformis (Mass.).
  ** L. lactea Mass.
225. Lecanora arenata Anzi.
226. Lecanora athroocarpa Dub.
227. Lecanora metabolica Ach.
228. Lecanora hæmatomma Ach.
229. Lecanora circinata Pers.
230. Lecanora subcircinata Nyl.
231. Lecanora cinerea (L.).
232. Lecanora cæsio-cinerea Nyl.
233. Lecanora subdepressa Nyl.
234. Lecanora calcarea (Ach.).
235. Lecanora farinosa (Flk.).

236. Lecanora castanea (Ram.).
237. Lecanora fuscata (Schrad.).
238. Lecanora privigna (Ach.).
239. Lecanora pruinosa (Sm.).
240. Lecanora simplex Dav.

241. Lecanora tartarea (L.).
242. Lecanora parella (L.).

243. Lecanora atra Ach.
244. Lecanora constans Nyl.
245. Lecanora nitens (Pers.).

246. Lecanora coarctata Ach.

247. Lecanora rubra Ach.

Subtrib. 2. — LECIDEEI.

248. Gyalecta exanthematica (Sm.)
249. Gyalecta truncigena (Ach.).
250. Gyalecta Flotowii Krb.
251. Gyalecta chrysophæa (Pers.).
252. Gyalecta carneola (Ach.).
253. Gyalecta pineti (Ach.).

Biatora (254-289)

254. Lecidea lurida Ach.
255. Lecidea decipiens Ach.

256. Lecidea lucida Ach.
257. Lecidea Prevostii Fr.
258. Lecidea decolorans (Hffm.).
259. Lecidea flexuosa (Fr.).
260. Lecidea Lightfootii Ach.

261. Lecidea calcivora (Ehrh.).
262. Lecidea sanguineo-atra (Ach.).
263. Lecidea fusco-rubens Nyl.
264. Lecidea Metzleri Krb.
265. Lecidea subochracea Nyl.

266. Lecidea fuliginea Ach.
267. Lecidea humosa (Ehrh.).

268. Lecidea leprodea Nyl.
269. Lecidea sylvana Arn.
270. Lecidea turgidula Fr.

271. Lecidea Wallrothii (Tul.).
272. Lecidea denigrata Fr.
   ' L. misella Nyl.
273. Lecidea subuletorum Flk.
   ' L. sphæroidiza Nyl.
274. Lecidea Nægelii Hepp.
275. Lecidea milliaria Fr.

276. Lecidea luteola (Schrad.).
277. Lecidea acerina (Pers.).
278. Lecidea endoleuca Nyl.
279. Lecidea flavicans Nyl.
280. Lecidea incompta Borr.
281. Lecidea muscorum (Sw.).
282. Lecidea chlorotica (Ach.).
282 bis. Lecidea inundata Fr.
283. Lecidea hemipolia Nyl.
284. Lecidea cærulea Krb.
285. Lecidea bacillifera Nyl.
286. Lecidea egenula Nyl.
287. Lecidea vermifera Nyl.
288. Lecidea stenospora Hepp.
289. Lecidea pelidna Ach.

Eulecidea (290-344)

290. Lecidea vesicularis (Hffm.).
291. Lecidea subtabacina Nyl.
292. Lecidea aromatica (Sm.).
293. Lecidea acclinis Flot.
294. Lecidea fuliginosa Tayl.
295. Lecidea deusta (Stenh.).
296. Lecidea subnegans Nyl.
297. Lecidea parasema Ach.
   ' L. flavens Nyl.
298. Lecidea episema Nyl.
299. Lecidea euphorea Flk.

300. Lecidea latypiza Nyl.
301. Lecidea enteroleuca Ach.
302. Lecidea goniophila Flk.
303. Lecidea quernea Ach.

304. Lecidea platycarpa Ach.
304 bis. Lecidea meiospora Nyl.
305. Lecidea sorediza Nyl.
306. Lecidea meiospora Nyl.
307. Lecidea albo-cærulescens Ach.
308. Lecidea lithophila Ach.
309. Lecidea plana Lahm.

310. Lecidea fumosa (Hffm.).
311. Lecidea grisella Flk.
312. Lecidea fusco-cinerea Nyl.
313. Lecidea tenebrosa Flot.

314. Lecidea rivulosa (Ach.).
315. Lecidea ostreata (Hffm.).
316. Lecidea infidula Nyl.

317. Lecidea grossa Pers.

318. Lecidea premnea Ach.
319. Lecidea Stenhammari Fr.
320. Lecidea lenticularis Ach.
321. Lecidea nigro-clavata Nyl.
322. Lecidea chalybeia Borr.

323. Lecidea canescens Ach.
324. Lecidea epigæa (Pers.).
325. Lecidea albo-atra (Hffm.).
   * L. leucoplaca DC.
   ** L. ambigua Ach.
326. Lecidea Bayrhofferi (Schær.).
327. Lecidea disciformis Fr.
328. Lecidea superans Nyl.
329. Lecidea atro-alba Flot.
330. Lecidea atro-albula Nyl.
331. Lecidea verruculosa Borr.
332. Lecidea conioptiza Nyl.
333. Lecidea myriocarpa DC.
334. Lecidea hypoleucella Nyl.
335. Lecidea nigritula Nyl.
336. Lecidea Parmeliarum (Smrf.).
337. Lecidea parasitica (Flk.).
338. Lecidea physciaria Nyl.
339. Lecidea stellulata Tayl.
840. Lecidea petræa Flot.
   * L. lavata (Ach.).
   ** L. confervoides (DC.).
341. Lecidea concentrica Dav.
342. Lecidea distincta (Fr. fil.).
343. Lecidea geographica (L.).
   * L. lecanorina Flk.
344. Lecidea viridi-atra Flk.

TRIB. XIX. — PERTUSARIEI.

345. Pertusaria multipuncta Turn.
346. Pertusaria globulifera (Turn.).

347. Pertusaria amara (Ach.).
348. Pertusaria leucosora Nyl.
349. Pertusaria dealbata (Ach.).
   * P. corallina Ach.
350. Pertusaria lævigata Nyl.
351. Pertusaria communis DC.
352. Pertusaria coccodes (Ach.).
353. Pertusaria areolata (Clem.).
354. Pertusaria pustulata (Ach.).

355. Pertusaria trifera Nyl.
356. Pertusaria leioplaca (Ach.).
357. Pertusaria Wulfenii DC.
   * P. lutescens (Hffm).
358. Pertusaria coronata (Ach.).

TRIB. XX. — THELOTREMEI.

359. Phlyctis agelæa Wallr.
360. Phlyctis argena (Flk.).

361. Urceolaria actinostoma Pers.
362. Urceolaria scruposa Ach.
   * U. bryophila Ach.
363. Urceolaria gypsacea Ach.
   * U. bryophiloides Nyl.
364. Urceolaria lichenicola Mnt.

365. Thelotrema lepadinum Ach.

Series VII. — GRAPHIDODEI.

TRIB. XXI. — GRAPHIDEI.

366. Opegrapha notha Ach.
367. Opegrapha pulicaris (Hffm.).
368. Opegrapha diaphora (Ach.).
369. Opegrapha atro-rimalis Nyl.
370. Opegrapha saxicola Ach.
371. Opegrapha confluens Ach.
372. Opegrapha atra Pers.
   * O. Chevallieri Leight.
373. Opegrapha quadriseptata Nyl.
374. Opegrapha lithyrgiza Nyl.
375. Opegrapha herpetica Ach.
376. Opegrapha rufescens Pers.
378. Opegrapha cinerea Chev.

379. Opegrapha vulgata Ach.

380. Opegrapha subsiderella Nyl.
381. Opegrapha viridis Pers.
382. Opegrapha lyncea (Sm.).

383. Platygrapha periclea (Ach.).

384. Arthonia cinnabarina Wallr.
385. Arthonia pruinosa Ach.
386. Arthonia biformis Flk.
387. Arthonia medusula Pers.
388. Arthonia astroidea Ach.
389. Arthonia epipastoides Nyl.
390. Arthonia punctiformis Ach.
391. Arthonia spadicea Leight.
392. Arthonia atro-fuscella Nyl.
393. Arthonia lapidicola Tayl.
394. Arthonia ruderella Nyl.
395. Arthonia excipienda Nyl.
396. Arthonia dispersa (Schrad.).
397. Arthonia subvarians Nyl.
398. Arthonia galactites Duf.
399. Arthonia tenellula Nyl.

400. Melaspilea arthonioides Fée.

401. Graphis scripta Ach.
402. Graphis elegans (Sm.) Ach.

Series VIII. — PYRENOCARPODEI.

Trib. XXII. — PYRENOCARPEI.

403. Thelocarpon epilithellum Nyl.

404. Normandina pulchella (Borr.).

405. Endocarpon miniatum Ach.
406. Endocarpon hepaticum Ach.
407. Endocarpon rufescens Ach.
408. Endocarpon Micheli (Mass.).
409. Endocarpon pallidum Ach.

410. Verrucaria Garovaglii Mnt.
    * V. incrustans Nyl.
411. Verrucaria obfuscans Nyl.
412. Verrucaria fuscella Turn.
    * V. nigricans Nyl.
413. Verrucaria glaucina Ach.
414. Verrucaria viridula Ach.
415. Verrucaria macrostoma Duf.

417. Verrucaria nigrescens Pers.
418. Verrucaria fusco-nigrescens Nyl.
419. Verrucaria mauroides Schær.
420. Verrucaria obnigrescens Nyl.
421. Verrucaria æthiobola Whlnb.
422. Verrucaria rimosella Nyl.

423. Verrucaria rupestris Schrad.
424. Verrucaria muralis Ach.
425. Verrucaria submuralis Nyl.
426. Verrucaria subvicinalis Nyl.
427. Verrucaria integra Nyl.
428. Verrucaria ruderum DC.
429. Verrucaria mortarii Arn.
430. Verrucaria hiascens Ach.
431. Verrucaria integrella Nyl.
432. Verrucaria sphinctrina Duf.

433. Verrucaria Auruntii Mass.
434. Verrucaria Forana Anzi.
435. Verrucaria hymenogonia Nyl.

436. Verrucaria epigæa Ach.

437. Verrucaria gibba Nyl.

438. Verrucaria gemmata Ach.
439. Verrucaria biformis Borr.
440. Verrucaria chlorotica Ach.

441. Verrucaria rubella Nyl.

442. Verrucaria modesta Nyl.

443. Verrucaria fallax Nyl.
444. Verrucaria antecellens Nyl.
445. Verrucaria epidermidis Ach.
446. Verrucaria punctiformis DC.
447. Verrucaria cerasi Schrad.
448. Verrucaria betularia Nyl.
449. Verrucaria cinerella Flot.

450. Verrucaria quaternella Nyl.
451. Verrucaria ambulatrix Nyl.

452. Verrucaria oxyspora Nyl.

453. Verrucaria nitida Schrad.
454. Verrucaria farrea Ach.

INDEX NOMINUM SUPPLEMENTI

Imprimerie Paul SCHMIDT, Paris-Montrouge (Seine).

www.ingramcontent.com/pod-product-compliance
Lightning Source LLC
LaVergne TN
LVHW051340200726
843510LV00002B/738